雑草の呼び名事典

写真でわかる

A Guide to Common Wildflowers

写真・文 亀田龍吉

世界文化社

写真でわかる
雑草の呼び名事典 ……… 目次

春 の 雑 草

- レンゲソウ　蓮華草 …………… 6
- ホトケノザ　仏の座 …………… 8
- ムラサキサギゴケ　紫鷺苔 …………… 9
- シロツメクサ　白詰草 …………… 10
- ハルノノゲシ　春の野芥子 …………… 12
- クサノオウ　草の黄 …………… 13
- セイヨウタンポポ　西洋蒲公英 …………… 14
- キツネアザミ　狐薊 …………… 16
- セリ　芹 …………… 17
- ヘビイチゴ　蛇苺 …………… 18
- ブタナ　豚菜 …………… 20
- ショカツサイ　諸葛菜 …………… 21
- オオイヌノフグリ　大犬の陰嚢 …………… 22
- ナガミノヒナゲシ　長実の雛罌粟 …………… 24
- ヒルザキツキミソウ　昼咲月見草 …………… 25
- カタバミ　片喰み …………… 26
- ウマノアシガタ　馬の足形 …………… 28
- ハコベ　繁縷 …………… 29
- カラスノエンドウ　烏の豌豆 …………… 32
- ハハコグサ　母子草 …………… 34
- スズメノエンドウ　雀の豌豆 …………… 35
- ナズナ　撫菜 …………… 36
- スズメノテッポウ　雀の鉄砲 …………… 38
- タネツケバナ　種漬花 …………… 39
- ジシバリ　地縛り …………… 40
- カキドオシ　垣通し …………… 42
- ヒメオドリコソウ　姫踊子草 …………… 43
- ハルジオン　春紫菀 …………… 44
- ムラサキケマン　紫華鬘 …………… 46
- タチツボスミレ　立坪菫 …………… 47
- スギナ　杉菜 …………… 48
- タビラコ　田平子 …………… 50

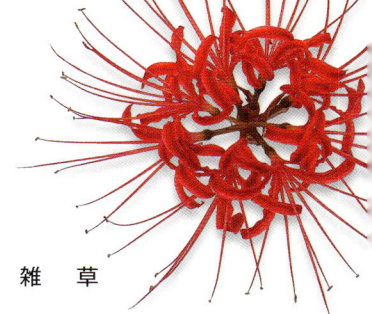

夏 の 雑 草

ワルナスビ　悪茄子 ………… 52
ツユクサ　露草 ………… 54
ブタクサ　豚草 ………… 55
ヒメジョオン　姫女菀 ………… 56
ヒルガオ　昼顔 ………… 58
コヒルガオ　小昼顔 ………… 59
ギシギシ　羊蹄 ………… 60
スベリヒユ　滑莧 ………… 62
ヤブカンゾウ　藪萱草 ………… 63
タケニグサ　竹似草 ………… 64
メマツヨイグサ　雌待宵草 ………… 66
ホタルブクロ　蛍袋 ………… 67
ニワゼキショウ　庭石菖 ………… 68
カヤツリグサ　蚊帳吊草 ………… 70
キキョウソウ　桔梗草 ………… 71
ヘクソカズラ　屁糞葛 ………… 74
オオバコ　大葉子 ………… 75
ヤブガラシ　藪枯らし ………… 76
ネジバナ　捩花 ………… 78
ドクダミ　毒溜 ………… 79
ゲンノショウコ　現の証拠 ………… 80
オヒシバ　雄日芝 ………… 82
メヒシバ　雌日芝 ………… 83
エノコログサ　狗尾草 ………… 84
ヤエムグラ　八重葎 ………… 86
コニシキソウ　小錦草 ………… 87
ママコノシリヌグイ　継子の尻拭い ………… 88

[コラム] 春の七草 ………… 30
[コラム] 夏の七草 ………… 72
[コラム] 秋の七草 ………… 106
PHOTO INDEX ………… 124
あとがき ………… 126

秋 の 雑 草

カラスウリ　烏瓜 ………… 90
イノコズチ　猪子鎚 ………… 92
カゼクサ　風草 ………… 94
クズ　葛 ………… 95
セイタカアワダチソウ　背高泡立ち草 ………… 96
イタドリ　痛取り ………… 98
アメリカセンダングサ　亜米利加栴檀草 ………… 100
ヨウシュヤマゴボウ　洋種山牛蒡 ………… 101
ヨメナ　嫁菜 ………… 102
ヌスビトハギ　盗人萩 ………… 104
ヒガンバナ　彼岸花 ………… 108
イヌタデ　犬蓼 ………… 110
ワレモコウ　我亦紅 ………… 112
チカラシバ　力芝 ………… 113
キクイモ　菊芋 ………… 114
ジュズダマ　数珠玉 ………… 116
ヨモギ　蓬 ………… 118
ミゾソバ　溝蕎麦 ………… 119
オオオナモミ　大雄生揉 ………… 120
ミズヒキ　水引 ………… 122
ツルボ　蔓穂 ………… 123

アートディレクション：新井デザイン事務所（新井達久）

春の雑草

Spring

春の雑草

レンゲソウ
蓮華草

別名：レンゲ、ゲンゲ
Astragalus sinicus
マメ科　多年草
分布：日本全土

春の田んぼにこれほど似合う花はない。レンゲの根粒バクテリアは稲の肥料となる。

　昔の春の田んぼでは、あちらこちらにレンゲソウのピンクの絨毯を見ることができました。この草を田の土と一緒にすき込んで肥料としたからです。化学肥料を使うようになった今では、あまり見られなくなってさびしい限りです。また、レンゲソウは蜜源植物としても欠かせません。のどかな春の日のレンゲ畑の周辺は、かすかな甘い香りと、ミツバチのブーンという羽音に満たされます。

名前の由来　花の形が仏様の座っている蓮華台に似ていることから、蓮華の草、レンゲソウとなった。

花期は4〜6月。

花はよい蜂蜜のもととなる。

春の雑草

化学肥料が使われる以前は、緑肥としてのレンゲ畑が多く見られた。

春の雑草

ホトケノザ
仏の座

別名：サンガイグサ
Lamium amplexicaule
シソ科　1年草
分布：本州・四国・九州

春の七草のホトケノザとはタビラコのこと。よく混同されるがまったく別種の植物。

　一つひとつの花の形を見ると、ヒメオドリコソウにとてもよく似ていますが、ホトケノザは葉のつき方がまばらで、花の付け根までよく見えるのが特徴です。

　春の七草のホトケノザは、これとはまったく別種のタビラコ（キク科）のことです。

　このシソ科のホトケノザは花の下の葉の形を仏像の座す蓮華座に見立てての命名と思われます。

花期は3〜6月。

名前の由来　細長い花が丸い葉の上に咲いている姿を仏様の台座にたとえ、仏の台座、ホトケノザとなった。

ムラサキサギゴケ
紫鷺苔

Mazus miquelii
ゴマノハグサ科
多年草
分布：日本全土

春の雑草

サギは鳥の鷺を指す。雑草の花の中でもとりわけ美しい花の一つ。

　田や畦や、やや湿った草原に生え、地面を這う茎を縦横に伸ばして広がる性質があります。白い花のものはサギゴケと呼ばれます。除草剤や外来種の影響か、最近あまり見かけなくなった気がします。
　よく似た植物にトキワハゼがありますが、これは花が小ぶりで色は淡いものが多く、トキワ（常葉）の名のとおり春以外も花をつけ、地を這う茎は出しません。

名前の由来
花の形が飛んでいるサギに見えること、花の色が紫色であること、また茎がコケのように地面に広がることからこの名前となった。

花期は4〜6月。

日当たりのよい場所に生える。

シロツメクサ
白詰草

別名：クローバー
Trifolium repens
マメ科　多年草
分布：日本全土

春の雑草

四つ葉のクローバーを見つけると幸福が訪れるという。見つかる確率は1万分の1とか。

　クローバーの名でも親しまれているシロツメクサの葉は3小葉の複葉が基本ですが、1株ごとにその形、模様、大きさは千差万別です。小葉が4枚あるものは、四つ葉のクローバーとして幸せのシンボルとされていますが、デザイン的にもとても可愛いものです。これは一種の奇形で簡単には見つかりませんので希少価値があります。時には五つ葉や六つ葉が見つかることもあります。

名前の由来
江戸時代にオランダからガラス製品を運ぶ時、乾燥させた花が緩衝材になっていたことによる。

緑肥や土壌浸食の防止として栽培されている。

春の雑草

花期は4〜9月。

アカツメクサ

　ムラサキツメクサとも呼ばれ、シロツメクサと同時期に日本に入ってきた、ヨーロッパ原産の帰化植物です。牧草として栽培されていたものが野生化して、全国に広がっていきました。

花期は5〜8月。

春の雑草

ハルノノゲシ
春の野芥子

別名：ノゲシ
Sonchus oleraceus
キク科　越年生1年草
分布：日本全土

名前にケシとつくが、ケシ科ではなくキク科の植物。花はタンポポに似る。

ノゲシと名前がついていてもケシの仲間ではなく、キク科の植物です。タンポポを小さくしたような黄色い花、花の後の綿毛、茎を切った時に出る白い乳液もタンポポと一緒です。

葉に棘があって荒々しい感じのオニノゲシ、秋に淡いクリーム色の花を咲かせるアキノノゲシもすべてこのノゲシの名をもとに名づけられたものです。

名前の由来
葉の形がケシの葉に似ていることから、春の野原に生える芥子、ハルノノゲシとなった。

花期は4〜5月。

葉は白みがかった緑。

クサノオウ
草の黄

Chelidonium majus var. *asiaticum*
ケシ科
多年草
分布：日本全土

深く切れ込んだ複雑な形の葉と全体に生えた白い産毛が特徴で、この鮮やかな黄色い花からケシ科の植物であることを納得できます。茎を切った時に出る黄色い汁は有毒で、空気に触れるとみるみる赤褐色に変化します。そんな訳で、この草を切って白バックの紙で撮影すると必ずこの汁がついてしまい、撮影のたびに紙を取り換えなければなりませんでした。

春の雑草

花は鮮やかな黄色で美しいが全草有毒。特に黄色の乳液の毒性は強い。

花期は5〜6月。

茎を切ると毒性の液が出る。

林縁に多く自生する。

名前の由来　茎を折ると黄色い汁が出ることから草の黄色、クサノオウとなった。

春の雑草

セイヨウタンポポ
西洋蒲公英

別名：タンポポ
Taraxacum officinale
キク科　多年草
分布：日本全土

ヨーロッパ原産の帰化植物。明治時代にサラダ用として持ち込まれた。

名前の由来
蕾の形が鼓に見えることから鼓のタンポンタンポンという音を名前とした。また、セイヨウは西洋から渡来したことによる。

　日本のタンポポには、大きく分けて、もともと日本にあった在来種と海外から入ってきた外来のタンポポがあります。この外来種の代表がセイヨウタンポポです。
　セイヨウタンポポは単為生殖で種子をつける（受粉しなくても種子ができる）ので、あっという間に全国に広がりました。花を見ただけで区別するのは難しいですが、総苞片を見れば一目で分かります（見分け方のポイント参照）。しかし、最近は外来種と在来種の雑種も知られるようになりました。

花期は3〜10月と長い。

春の雑草

在来種のシナノタンポポ。

在来種のシロバナタンポポ。

🔍 見分け方のポイント

セイヨウタンポポ：総苞片が反り返る。

在来種（シロバナを除く）：総苞片は反り返らない。

綿毛は種

　タンポポの花は舌状花と呼ばれ、花びらに見える小さな花の集合体です。

　受粉後綿毛となり、風が種子を飛ばします。

　綿毛を一つひとつ丁寧に播くと、このように発芽する様子が見られます。

綿毛はきれいな球形。

播けば10日ほどで発芽する。

春の雑草

キツネアザミ
狐薊
Hemistepta lyrata

キク科
越年生 1 年草
分布：本州・四国・九州

花はアザミの蕾のようにも見えるが、これで完成形。キク科・キツネアザミ属の植物。

一見アザミの仲間のように見えるキツネアザミですが、アザミ属ではなくキツネアザミ属の一属一種です。

細かく枝分かれした茎の先に直径 10 〜 20mm のアザミに似た赤紫色の花をたくさんつけます。

秋に芽生えた苗はきれいなロゼット状の葉で越冬し、春先にぐんぐんと茎を伸ばし 50 〜 100cm くらいに育って花を咲かせます。

花期は 5 〜 6 月。

花はすべて上向きに咲く。

名前の由来　アザミに似ているがアザミではないことからキツネ（偽者・騙すの意）アザミとなった。

セリ
芹

Oenanthe javanica
セリ科
多年草
分布：日本全土

用水の溝や休耕田などの水の浅いところに、半分水につかるような形で自生しているセリは、特有の香りと歯ごたえでおひたしや汁の物にと、ミツバとともに和食には欠かせない植物です。

夏に白く細かい花を咲かせますが、春の七草の一つとされ、葉は冬から春先に若いものを利用するので、ここでは春の草に入れました。セリ科の植物なので、キアゲハの幼虫が葉を食べているのをよく見かけます。

春の雑草

春の七草の最初を飾る日本の代表的ハーブの一つ。独特の香りがある。

花期は6～8月。

春先の若い芽を食用とする。

名前の由来
漢字では芹と書くが、若葉が競り合うようにぐんぐん伸びることからこの名前がついた。

ヘビイチゴ
蛇苺

別名：クチナワイチゴ
Duchesnea chrysantha
バラ科　多年草
分布：日本全土

春の雑草

見た目はおいしそうだが、まずくて食用にはならない。でも実に毒はない。

　田の畦や少し湿った野原などによく見られる小さなイチゴです。横に這う茎を伸ばして広がり、関東地方では4月頃黄色い花を咲かせ、5月頃直径1cmほどの赤い実を上向きにつけます。その名のせいか毒があると思われがちですが、毒はありません。しかし、食べてもおいしいものではありません。
　林縁部や半日陰の場所には、葉の色が濃く実の地肌が赤くて、艶のあるヤブヘビイチゴが見られます。

名前の由来
蛇がいそうな場所に生えていること、また、まずくて蛇にでも食べさせるイチゴということから蛇の苺、ヘビイチゴとなった。

花期は4～5月。

果実の表面にはつぶつぶがある。

春の雑草

日当たりのよい空き地に群生して実をつける様子は圧巻。

春の雑草

ブタナ
豚菜

別名：タンポポモドキ
Hypochaeris radicata
キク科　多年草
分布：日本全土

タンポポモドキの別名があるほど花はタンポポにそっくり。ヨーロッパ原産の帰化植物。

この草も最近急に増えてきているヨーロッパ原産の帰化植物です。葉はタンポポに似た形をしていますが、短い毛が多く肉厚です。草丈は25〜80cmで、一見同じキク科のコウゾリナに似ていますが、花の茎に葉がつかないことで見分けられます。

どこにでも生えるしたたかな雑草ですが、群生している様子は美しくなかなか見事なものです。

名前の由来
フランスでの呼び名 Salade de porc（豚のサラダ）の日本語訳が名前の由来。

花期は5〜7月。

花茎がとても長い。

ショカツサイ
諸葛菜

別名：ムラサキハナナ
Orychophragmus violaceus
アブラナ科　越年生1年草
分布：日本全土

春の雑草

日本の春の彩りに欠かせない花だが、江戸時代に入ってきた中国原産の帰化植物。

これほど多くの名をもっている草はそう多くはないでしょう。ショカツサイの他に、ムラサキハナナ、ハナダイコン、オオアラセイトウなどが、どれも同じくらいの割合で使われています。

ナノハナと同じアブラナ科の植物で、いざという時には食用にもなるショカツサイ、諸葛孔明が戦陣を張ってすぐ種を播いたというのもうなずける気がします。

名前の由来　諸葛孔明が戦時中に植えて食用としていたことから、諸葛の菜、ショカツサイとなった。

花の形はナノハナと同じ。

花期は3〜5月。

春の雑草

オオイヌノフグリ
大犬の陰嚢

別名：星の瞳
Veronica persica
ゴマノハグサ科　越年生1年草
分布：日本全土

ヨーロッパ原産の帰化植物。英国ではバーズ・アイともキャッツ・アイとも呼ばれる。

　野原や畑の陽だまりで、ナズナやハコベの仲間とともに、まず最初に春の訪れを告げる花の一つです。それにしても、この可愛らしい植物にまたなんという名前をつけたことでしょう（名前の由来参照）。地を這うように群生して、いっせいに明るい真っ青な花をつける様は、まるで星をちりばめたようです。

　正式な名前ではありませんが、「星の瞳」というきれいな名前で呼ばれている地方もあるようです。

名前の由来　実の形が犬のふぐり（陰嚢）と似ていること、また、在来種のイヌノフグリより大きいことから大犬の陰嚢（オオイヌノフグリ）となった。

春の雑草

2個の球形の果実がつく。

花期は2〜5月。

早春から5月にかけ日当たりのよい空き地に群生して咲く。

冬は地表に葉を広げ越冬する。

春の雑草

ナガミノヒナゲシ
長実の雛罌粟

Papaver dubium

ケシ科　1年草
分布：本州・四国・九州

もともとは観賞用として輸入された帰化植物。空き地や道路脇で急速に分布を広げている。

果実の上面にハッチ（蓋）がある。

花期は4〜5月。

　よく花壇などに植えられる園芸種のポピー（ヒナゲシ）よりも一回り小さいサーモンピンクの花を咲かせるのが、このナガミノヒナゲシです。

　ヨーロッパ原産の帰化植物で、各地で急激に増え始めたのは1990年頃からではないでしょうか。私が子どもの頃にはまったく見た覚えがありません。その名のとおりの長い実の上面はハッチになっていて、熟すと隙間を開けて細かい種子をまき散らします。

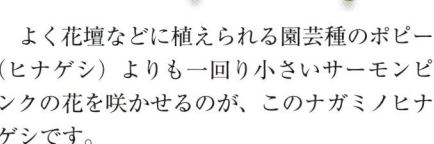

名前の由来　ヒナゲシよりも実が長いことから長い実の雛罌粟、ナガミノヒナゲシとなった。

ヒルザキツキミソウ
昼咲月見草

別名：モモイロツキミソウ
Oenothera speciosa
アカバナ科　多年草
分布：本州・四国

　薄くて柔らかい花びらは風に吹かれるとすぐに裏返ったり、白バック写真を撮るために茎を切ったりするとすぐにしおれてしまい、見た目どおりに撮るのがなかなか難しい植物です。しかし、その繊細さとは裏腹に非常にしたたかな面も併せ持っています。その証拠に、園芸用に持ち込まれた本種は花壇を抜け出すと急速に野生化し、畑や空き地、道端に大群落をつくることもあります。

名前の由来
ツキミソウが夜咲くのに対し、昼間に咲くツキミソウということからこの名前がついた。

花期は5〜7月。

> 春の雑草
>
> ナガミノヒナゲシと同様に観賞用として輸入されたものが都市部を中心に野生化した。

春の雑草

カタバミ
片喰み

Oxalis corniculata

カタバミ科
多年草
分布：日本全土

葉は三つ葉で完全なハート形。ヤマトシジミの食草となっている。

庭や駐車場などの草取りをしたことのある人なら、きっとカタバミの生命力の強さをご存知でしょう。すべて取ったつもりでいても、地表付近を横に這う茎が少しでも残っているとすぐに復活するうえ、実ははじけると何十cmも種子を飛ばします。この生命力と繁殖力ゆえに、子孫繁栄の願いを込めて古くから家紋にも使われてきました。よく見ると花はとても美しく、カタバミの仲間には多くの園芸種もあります。

名前の由来 葉が夜になると閉じ、片方を何者かに食べられたように見えることからこの名前となった。傍食とも書く。

花期は4～9月。

果実は先が尖り、直立する。

春の雑草

カタバミの葉はヤマトシジミの幼虫の食草。

葉が小さくて赤いアカカタバミ。

ムラサキカタバミ

　カタバミに比べ花も葉も大きく、花は美しいピンクです。同じピンク系〜赤紫系の花にイモカタバミやハナカタバミがありますが、花の中心が明るい黄緑であることがムラサキカタバミの特徴です。

江戸時代に観賞用として移入された。花期は6〜10月。

春の雑草

ウマノアシガタ
馬の足形

別名：キンポウゲ
Ranunculus japonicus
キンポウゲ科　多年草
分布：日本全土

花びらには光沢があり、太陽の光が当たると金色に輝き存在感を増す。

ウマノアシガタを知らなくても園芸の好きな人ならラナンキュラスの名は聞いたことがあるのではないでしょうか。

ラナンキュラスの野生種の一つがウマノアシガタで、学名もラナンキュラス・ジャポニクスといいます。エナメルのような光沢のある黄色い花は、小さくても鮮やかに輝いて見えます。しかし、キンポウゲの仲間はこのウマノアシガタを含め有毒のものが多いので注意が必要です。

名前の由来　花びらの形が馬蹄形に似ていることからついた名前。別名のキンポウゲは金色に光り輝く花という意味。

花には光沢がある。

花期は4～5月。

ハコベ

繁縷

別名：ハコベラ
Stellaria media
ナデシコ科　越年生1年草
分布：日本全土

子どもの頃、道端から摘んできたハコベを飼っていたカナリアに与えると、夢中でその葉や実を食べていたのを思い出します。

一般にハコベというとコハコベやミドリハコベを総称していうことが多いようですが、ここに載せた写真は最も普通に見られるコハコベです。

春の七草のハコベラとしても知られ、小鳥に限らず人間にとっても重要な緑黄色野菜でした。

名前の由来

ハコベは平安時代の草本書に「波久倍良（ハクベラ）」の名で登場し、やがてハコベラ、ハコベと転訛していった。

春の雑草

春の七草の一つであるハコベラのこと。葉も茎もとても柔らかく小鳥の餌に最適。

花期は4～6月。

空き地などに密集して生育する。

春の七草

1月7日の「七草粥」に入れる野草7種。
「せり　なずな　おぎょう
はこべら　ほとけのざ
すずな　すずしろ
これぞ七草」

芹（せり）
水辺や湿地に生えるセリの若葉のさわやかな香りは、まさに春の香りです。春は葉だけで、夏に花茎を伸ばし白い小花をつけます。

撫菜（なずな）
七草の頃のナズナは、ロゼット状の根生葉（こんせいよう）で、葉の切れ込みも様々です。春に咲く小さな花はアブラナ科特有の十字形です。

御形（おぎょう）（ハハコグサ）
オギョウ（ゴギョウ）と呼ばれるハハコグサは、早春には白い毛に覆われた葉を地面に広げています。昔は草餅の材料にしました。

春の雑草

繁縷（ハコベ）
ハコベというとコハコベかミドリハコベを指すのが普通です。カナリアなどの小鳥の餌には欠かせません。

仏の座（コオニタビラコ）
コオニタビラコが現在の標準和名です。春の七草のうち、最も見つけにくいのがこの草かもしれません。

鈴菜（カブ）
カブのことで、日本古来の代表的な野菜の一つといえます。古事記や日本書紀にも記されており、冬の大切な栄養源でした。

清白（ダイコン）
ダイコンのことで、特に葉の部分をいいます。春の七草の中では一番大きいその葉は、ビタミンAなどが豊富な栄養野菜です。

春の雑草

カラスノエンドウ
烏の豌豆

別名：ヤハズノエンドウ
Vicia sepium
マメ科　越年生1年草
分布：本州・四国・九州

花は目立たないが、よく見るとスイートピーを小さくしたようでとても可憐。

　この草はどこにでも絡まるようにはびこるので、目の仇にされることが多いようですが、花をよく見ればまさに小型のスイートピーで、とても美しいものです。実も小型のサヤエンドウのようで、若いさやをたくさん集めればビールのつまみくらいになるのではと、塩コショウで炒めてみました。食べられなくはないものの、口の中に繊維が残りあまりお勧めはできません。
　葉と茎にアリマキがよくつくので、テントウムシが集まります。

サヤエンドウに似た果実がつき、熟すと黒くなる。

春の雑草

熟した実。

名前の由来 カラスが食べる野生のエンドウマメが名前の由来。また、実がカラスのように黒いことにもよる。

花期は3〜6月。

花はスイートピーに似ている。

33

> 春の雑草

ハハコグサ
母子草

別名：ホウコグサ、オギョウ
Gnaphalium affine
キク科　1年草
分布：日本全土

ハハコグサは春の七草の一つである御形（オギョウ）と同じ。野にある姿はとても愛らしい。

春の七草のオギョウ、またの名をゴギョウと呼ばれるのはこのハハコグサのことです。

七草粥を食べる1月7日にはまだ白い毛に包まれた小さな葉が重なりあったロゼット状なので、慣れないと探すのに一苦労します。

中国では昔から3月3日に餅に入れて食べたそうで、それがこうした行事の起源なのかもしれません。4～5月頃に黄色い頭状花をつけます。

名前の由来
茎や葉が産毛に覆われているため、母が子を包んでいるように見え、この名となった。

花期は4～5月。

茎と葉には産毛がある。

スズメノエンドウ
雀の豌豆

Vicia hirsuta
マメ科
越年生1年草
分布：本州・四国・九州

春の雑草

白い花は小さくて目立たないが、下向きにつくさやは目につく。

花期は4〜5月。

さやの中に種が2個できる。

茎の長さは30〜60cmほど。

カラスノエンドウに比べて小さいので、スズメノエンドウという名になったのはうなずけます。でも、この2種の中間の大きさのマメ科植物に、カラスのカとスズメのスの間の大きさということで、カスマグサという名の草があるのには驚かされます。名前をつけた人は、カラスとスズメの中間の大きさの鳥を思いつかなかったのでしょうか。ドバトエンドウとかヒヨドリエンドウとか……。

名前の由来
カラスノエンドウより小型であることから、カラスより小さい「スズメ」の名がついた。

ナズナ
撫菜

別名：ペンペングサ、ビンボウグサ
Capsella bursa-pastoris
アブラナ科　越年生1年草
分布：日本全土

春の七草を代表する植物。ペンペングサと呼ばれているが、ナズナが正式名称。

|春の雑草|

　これも春の七草の一つで、昔は冬の間の貴重な栄養源であったと考えられます。七草（1月7日）の頃のナズナは、まだロゼット状で地面にへばりつくようにして葉を広げています。この時の葉は大きさや環境で色や切れ込み方など様々で、同じ植物とは思えないほどです。
　麦が日本に伝えられた時に、ハハコグサなどとともに入ってきたとされる、史前帰化植物の一種です。

名前の由来　古来より思わず撫でたいほど可愛い花ということから撫菜、それが訛り、ナズナとなった。

花期は3～5月。

春の雑草

実は三角形で平たい。

ナズナの果実。

タネツケバナと似ているが、三角形をした果実の形で区別できる。

37

春の雑草

スズメノテッポウ
雀の鉄砲

別名：ヤリクサ
Alopecurus aequalis
イネ科　越年生1年草
分布：日本全土

花穂を引き抜いて吹くと草笛になる。ブーブーという可愛い音がする。

　スズメという名のつく植物には、スズメノエンドウ、スズメノカタビラ、スズメノヤリ、スズメノチャヒキ、スズメウリなど多数あります。
　スズメが人家の近くに棲みついて最も馴染み深い鳥であるように、スズメの名のついた植物も人々の生活圏の中にあって、さほど役に立たないものの馴染み深い植物であることが多いようです。

花期は3〜5月。

春の田んぼに多く見られる。

名前の由来
花穂が上を向き、その姿が鉄砲を思わせることからついた。スズメは小さいという意味。

タネツケバナ
種漬花

別名：タガラシ
Cardamine flexuosa
アブラナ科　越年生1年草
分布：日本全土

花期は3〜5月。

早春のまだ水が入る前の田んぼを埋め尽くすように咲く小さな白い花は、ナノハナと同じアブラナ科のタネツケバナです。ステーキなどの洋食の脇役として欠かせないクレソン（オランダガラシ）などに近い仲間で食用になります。

道端や植え込みの下草にはよく似たミチタネツケバナが生えますが、こちらはタネツケバナと異なり、地面にロゼット状に広がった根生葉が花の時期にも残ります。

果実は円筒形で2cmほど。

花はナズナによく似ている。

春の雑草

花びらが4枚のアブラナ科の植物で、花は直径3mmほどでとても小さく愛らしい。

名前の由来
田植えの準備に種もみを水につけ、芽を出させる頃に咲くので種漬花となった。

春の雑草

ジシバリ
地縛り

別名：イワニガナ
Ixeris stolonifera
キク科　多年草
分布：日本全土

花はタンポポと似ているが、葉は円形でとても小さい。日本全国で見られる。

　ジシバリは別名イワニガナといって田畑の土手から岩場の斜面まで、匍匐枝を出して広がります。タンポポを小さくしたような黄色い花がたくさん咲いている様は、とても可愛らしいものです。似た花にオオジシバリがありますが、ジシバリの葉が丸みがかっているのに対し、こちらは細長いへら状で、生える場所もジシバリよりやや湿り気のある場所を好むようです。

名前の由来
茎が地面を縛るように覆うことから地縛り（ジシバリ）という名になった。

花期は4〜5月。

花後に綿毛となる。

春の雑草

地面を覆い尽くすように群生する。

41

春の雑草

カキドオシ
垣通し

別名はカントリソウ（疳取草）。子どもの疳に効果がある薬用植物。

別名：カントリソウ
Glechoma hederacea subsp. *grandis*
シソ科　多年草
分布：日本全土

　はじめてカキドオシの名を聞いた時、「垣通し」とは知らず「掻き通し」かと思い、触るとかぶれでもするのかと思ったものです。しかし、それどころかこの植物は昔から薬草としても有名であったようで、子どもの疳の虫に効くといわれカントリソウの別名もありました。確かに知らずに踏んだりすると、あたりに薬っぽいさわやかな香りが立ち上ります。

名前の由来　つるのように伸びた茎が垣根を突き通すほど勢いがよいことからついた名前。

花期は4〜5月。

茎は長く横に這う。

ヒメオドリコソウ
姫踊子草

Lamium purpureum
シソ科
越年生1年草
分布：日本全土

春の道端や草原でいち早く群落をつくり可愛らしいピンクの花を咲かせます。花がつくあたりの葉は赤紫色をしていて、重なりあったこの葉の間から花が顔をのぞかせます。どこにでも普通に見られる植物ですが、ヨーロッパ原産の帰化植物です。ヒメのつかないオドリコソウは同じくシソ科ですが、葉はすべて緑色で草丈はヒメオドリコソウの10〜20cm程度に対し、30〜60cmとだいぶ大柄です。

> **春の雑草**
>
> ホトケノザと似ているが、葉がスペード形であること、花が葉に隠れていることで区別できる。

花はピンクで花茎は1cmほど。

花期は3〜5月。

名前の由来
群生している花の様子が踊り子が踊っているように見えることからこの名前となった。姫は小さなという意味。

春の雑草

ハルジオン
春紫菀

別名：ビンボウグサ
Erigeron philadelphicus
キク科　多年草
分布：日本全土

ヒメジョオンとの違いは、蕾が下を向いていることと、茎が中空であることで区別できる。

名前の由来　シオン（紫菀）に似ていて春に咲くことから春に咲く紫菀、ハルジオンとなった。

　春先の道端や空き地などで普通に見られるハルジオンですが、もともとは北米原産の帰化植物です。
　花が開く前の蕾の間、まるで恥じらっているかのようにうつむく様はとても愛らしく、ハルジオンの特徴の一つでもあります。
　大正時代に日本に入って来て以来、短期間に日本全土に分布を広げたことからも、見た目とは裏腹に非常に生命力のあるしたたかな植物であることが分かります。

春の雑草

花色の基本は白だが、ピンク〜赤紫のものもある。

花期は4〜5月。

茎の中は空洞となっている。

ヒメジョオンより一足早く咲く。また、舌状花が細く数も多い。

春の雑草

ムラサキケマン
紫華鬘

Corydalis incisa
ケシ科
越年生1年草
分布：日本全土

黄色の花は黄華鬘（キケマン）という。どちらも毒草なので要注意。

　林縁などの半日陰のやや湿った場所を好む越年草です。羽状の細かく裂けた葉は、薄く柔らかそうに見えますが、有毒なので決して食べてはいけません。しかし、ウスバシロチョウの幼虫はこの葉を食べて育ちます。このチョウ自身は平気なのですが、今度はこのチョウが毒をもつことになります。

　「蓼食う虫も好き好き」といいますが、これも生物多様性の一つといえるでしょう。

花期は4〜5月。

木陰に多く見られる。

名前の由来
花の連なりが華鬘（仏堂内陣を飾る仏具）に似ていることから紫色の華鬘、ムラサキケマンとなった。

タチツボスミレ
立坪菫

Viola grypoceras
スミレ科
多年草
分布：日本全土

春先に林の縁や丘陵地の斜面などに生えるタチツボスミレ。日当たりのよい場所などには群生することも多く、その淡い紫色の花は、春の日差しをよりのどかに感じさせてくれます。

ただのスミレという種もありますが、この種が花茎以外は立ち上がらないのに対し、タチツボスミレは茎全体が立ち上がり、特に花の終わった後には30cmもの高さに達することがあります。

春の雑草

日本に自生するスミレの代表種。春の妖精とも呼ばれる。葉はきれいなハート形。

名前の由来

花の形が大工さんの使う墨壺に似ていることから、墨入れ、スミレとなった。また、タチは立ち上がる、ツボは中庭のこと。中庭に立ち上がるように咲くスミレということでこの名前となった。

花期は3〜5月。

葉はきれいなハート形。

> 春の雑草

スギナ
杉菜

別名：ツクシ
Equisetum arvense
トクサ科　多年草
分布：日本全土

ツクシはスギナの胞子茎。地面の中でしっかりつながっている。

名前の由来
葉の形が杉の木に似ていること、また、葉が食べられることから杉の菜、スギナとなった。

「ツクシ誰の子スギナの子」の歌のとおり、春、他の植物に先駆けて土から頭をもたげるツクシは、シダ植物の一種であるスギナの胞子茎です。

　子どもの頃、母と近くの土手にツクシを摘みに行き、袴を取って甘辛く煮てもらいましたが、そのちょっとほろ苦い味は私の大好物でした。庭や畑の草取りの時は黒い地下茎に悩まされますが、今でもツクシを見るとあの春の味がよみがえってきます。

春の雑草

スギナの胞子茎。穂から緑色の煙のような胞子を出す。

ツクシの生長後、地中から栄養茎であるスギナが出る。

春の雑草

タビラコ
田平子

別名：コオニタビラコ
Lapsana apogonoides
キク科　1年草
分布：日本全土

春の七草の一つであるホトケノザがタビラコのこと。コオニタビラコとも呼ばれる。

早春の田に平たく広がって黄色い小さな花を咲かせるタビラコは、早稲の品種の普及などで田植えの時期が早くなってきた地方ではレンゲソウなどとともに見る機会が少なくなってきたのではないでしょうか。春の七草のホトケノザはこの草のことで、キク科特有のほろ苦さが七草粥の味のアクセントにもなっています。

名前の由来
葉が田んぼに平らにはびこることから田平、また、花が小さく可愛いことから「子」をつけ田平子となった。

花期は4〜7月。

春の田んぼに多く見られる。葉は放射状に広がる。

夏 の雑草

Summer

夏の雑草

ワルナスビ
悪茄子

別名：オニナスビ
Solanum carolinense
ナス科　多年草
分布：日本全土

黄色いミニトマトに似た実は一見食用になりそうだが、有毒なので注意。

いかにもワルそうな名前ですが、花は白か淡い紫色で、よく見るとなかなかきれいなものです。ではなぜワルかというと、茎や葉に棘（とげ）があることと、全草にジャガイモの芽にある成分と同じソラニンという毒があり、牛などの家畜に害があることからきているようです。

明治時代に北アメリカから入ってきたと思われる外来植物ですが、今では日本全土で普通に見られます。

名前の由来
ナスの花に似た花が咲き、茎に鋭い棘があり畑に害をなすことから悪い茄子、ワルナスビとなった。

夏の雑草

ナスやジャガイモの花に似ている。

花期は6〜8月。

実は熟すと黄色になる。

葉と茎には棘がある。

茎の高さは30〜70cmで、地下茎で繁殖する。

53

夏の雑草

ツユクサ
露草

別名：アオバナ、ボウシバナ
Commelina communis
ツユクサ科　1年草
分布：日本全土

青紫色の花からは鮮やかな色素が取れるので、色水あそびには最適。

ちょうど蛍(ほたる)の出る頃に咲き始めるツユクサを、蛍と一緒に虫かごに入れた子どもの頃の淡い記憶があります。そのためか、私はホタルブクロよりもツユクサの方が蛍と結びつくのです。私と同じ理由でか、あるいは黄色いおしべを蛍の光に見立ててか、蛍草の別名があるそうです。いずれにせよ、デリケートで乾燥に弱い虫かごの中の蛍を、この草の湿気が守ってくれたのは確かではないかと思われます。

名前の由来
朝咲き昼にはしぼむことから、その儚さを露にたとえてこの名がついた。

花期は6〜10月。

3枚の花弁がある。おしべは6本。

ブタクサ
豚草

Ambrosia artemisiifolia
キク科　1年草
分布：日本全土

最近はいろいろな花粉にアレルギー反応を示す人が増えているようですが、このブタクサも夏から秋にかけての花粉症の原因の一つといわれています。

花弁をもたない小さな花は目立ちませんが、下向きに咲いた雄花から黄色い花粉がたくさん飛び散ります。雌花は少し下の葉腋(ようえき)に白っぽいめしべだけのような形でつきます。

名前の由来　英語名のホッグウィード（豚の草）の単純翻訳が名前の由来。

1mほどの茎に花が密集して咲く。

花期は7〜10月。

夏の雑草　夏から秋に花を咲かせ、花粉は秋の花粉症の代表的アレルゲンとされる。

夏の雑草

ヒメジョオン
姫女菀

別名：テツドウバナ
Erigeron annuus
キク科　越年生1年草
分布：日本全土

花はハルジオンによく似ているがヒメジョオンの方がやや遅れて咲く。道端でよく見かける。

　ハルジオン（春紫菀）とよく混同されるこのヒメジョオン（姫女菀）ですが、こうして漢字で書くとその違いがよく分かります。姿形もよく似ているのですが、ヒメジョオンの方が1ヶ月ほど遅く咲き、蕾（つぼみ）もあまりうつむきません。草丈も大きいものではハルジオンの2倍近くにもなります。決定的な違いは茎を切ると中が空洞ではなく、白いスポンジ状のものが詰まっていることです。

名前の由来
姫は小さい、女菀には中国産という意味がある。北米が原産であるが、中国から渡来したと思われこの名となった。

夏の雑草

茎の中は白いスポンジ状。

花期は6〜10月と長い。

白い舌状花は真っ直ぐに伸びる。

春から夏にかけて大きく生長し、群落となる。

57

夏の雑草

ヒルガオ
昼顔
Calystegia japonica

ヒルガオ科　つる性多年草
分布：日本全土

夏の昼間に直径5〜6cmの薄いピンク色の花を咲かせる。

アサガオは早朝に花開き、陽が当たってくる頃にはしぼんでしまいますが、ヒルガオは朝のうちに咲いた花が午後になっても咲き続けます。

直径5〜6cmのそのピンクの花は、なかなかきれいなものですが、普通、実はつきません。その代わり地下茎を伸ばして繁茂し、冬に地上部は枯れるものの毎年春には芽を出し、まわりの植物やフェンスなどに絡みつきます。

名前の由来
アサガオは早朝に咲くので朝顔。ヒルガオは日中に咲くので昼顔。どちらも開花時間が名前の由来となった。

花の直径は5〜6cm。

花期は6〜8月。

コヒルガオ
小昼顔

Calystegia hederacea
ヒルガオ科　つる性多年草
分布：本州・四国・九州

花の直径は3〜4cm。ヒルガオよりやや小さいので区別できる。

夏の雑草

　名前のとおり、まさにヒルガオを小ぶりにした感じなのですが、葉の左右の張り出しが顕著で、その部分が角張っているのが特徴です。

　花柄にひれ状のひだがあるのもヒルガオには見られないことなのですが、最近は中間的な特徴をもつヒルガオとの雑種も増えているようです。どちらに同定すべきか迷う個体が多くて悩まされます。

名前の由来
名前の由来はヒルガオ同様。ヒルガオより花が小さいためコヒルガオ（小昼顔）となった。

花の直径は3〜4cm。

花期は5〜8月。

夏の雑草

ギシギシ
羊蹄

別名：ウシグサ
Rumex japonicus
タデ科　多年草
分布：日本全土

草丈が1m以上にもなる大型植物で、実は緑から褐色となる。

夏の雑草

　まだ緑の葉の少ない春先から縁が波打った大きな葉を広げていたギシギシは、やがて花茎を立ち上げて小さな目立たない花をつけます。それが次第にふくらんで、3つの稜のある実をたくさんつけますが、実はこの実の形が、似た仲間との重要な識別ポイントになります。ここではスペース的に紹介できませんが、ナガバギシギシ、エゾギシギシ、アレチギシギシなどがあります。スイバも近い仲間です。

名前の由来
茎と茎をこすったり、花穂をしごいて取ったりした時の音がギシギシと聞こえることによる。

花期は6〜8月。花は長い茎に鈴なりにつく。

実は翼片状。

実の中央にはふくらみがある。

ギシギシ人形

　ギシギシの長い葉は丈夫で柔らかく、草花あそびで人形をつくるのに適しています。

　葉を小さい順に重ねて、小枝で留めれば完成です。ぜひつくってみてください。

夏の雑草

スベリヒユ
滑莧

Portulaca oleracea
スベリヒユ科　多年草
分布：日本全土

食べられる草として有名で、おひたしにするととてもうまい。

　スベリヒユは夏の暑さや乾燥にも負けずに、畑や空き地に多肉質の葉をつけた茎を広げる夏の代表的な雑草です。一見どうしようもない草のようですが、パースレインというハーブ名をもち、南仏のプロヴァンス地方などではサラダの材料としてマルシェ（市場）で売られています。

名前の由来
茹でると粘液が出て滑ること、また莧には小さく愛らしいという意味があることからこの名となった。

花期は7〜9月。早朝に咲く。

多肉質の葉と茎が地面を這うように広がる。

ヤブカンゾウ
藪萱草

別名：ワスレグサ
Hemerocallis fulva var. *kwanso*
ユリ科　多年草
分布：本州・四国・九州

夏の雑草

雑草と呼ぶには花は大きく美しい。近縁種にあたるニッコウキスゲは有名。

　初夏の土手や畦道にオレンジ色の八重の花をつけ、風に揺れているヤブカンゾウの花は、本格的な夏の訪れを告げてくれる花でもあります。花が一重咲きのノカンゾウもありますが、どちらも春先の若芽は山菜として、茹でておひたしなどにして親しまれています。ニッコウキスゲやユウスゲなども同じヘメロカリス属に含まれ、最近は外来の園芸種もヘメロカリスの名で売られています。

名前の由来
別名ワスレグサとあるように、カンゾウのカンの字は萱（わすれ）に由来する。藪に咲くこの花の美しさに憂さも忘れるという。

若い芽は食用になる。

花期は7〜8月で八重咲き。

田んぼの畦道などに群生する。

夏の雑草

タケニグサ
竹似草

別名：チャンバギク
Macleaya cordata
ケシ科　多年草
分布：本州・四国・九州

高さ1mを超す大型の植物。茎を切ると黄褐色の有毒の乳液が出る。

　タケニグサは崖崩れの跡地や林の伐採地などの空き地に、真っ先に生えてくるパイオニア植物の一つです。

　キクのような形の大きな葉の裏は粉がふいたように真っ白で、茎も白っぽく、草丈は時に2mを超えます。茎を切った時に出るオレンジ色の汁は、水虫や田虫に直接つけるとよいといわれますが、かぶれる人がいるので注意が必要です。また、有毒なので食べることはできません。

名前の由来
茎が竹のように長く伸び、中空であることから竹に似た草、タケニグサ（竹似草）となった。

夏の雑草

葉の表　　　　　　　　葉の裏

長さ2cmほどの実をびっしりつける。

花期は6〜8月。

キクの葉に似た葉は、大きいものでは30cmにもなる。

夏の雑草

メマツヨイグサ
雌待宵草

別名：アレチマツヨイグサ
Oenothera biennis

アカバナ科　越年生1年草
分布：日本全土

北米原産の帰化植物で荒地を好む傾向がある。別名アレチマツヨイグサ。

「富士には月見草がよく似合う……」のように、メマツヨイグサやその仲間の呼び名には、ヨイマチグサ（宵待草）、ツキミソウ（月見草）などがあります。それぞれ夏の宵に花開くこの仲間の特徴を、情感を込めて表現したよい名前だなと思います。

しかし、植物学的にはマツヨイグサというのが正しく、この草の名もそれにメ（雌）をつけたものです。

名前の由来
花が昼間咲かず宵を待って咲くことからこの名がついた。また、花が小さくめしべの先が長いことから、マツヨイグサと区別するため雌待宵草（メマツヨイグサ）となった。

実の長さは2cmほど。

花期は7～9月。

ホタルブクロ
蛍袋

別名：チョウチンバナ
Campanula punctata
キキョウ科　多年草
分布：本州・四国・九州

　ホタルブクロは地方によって、白っぽい花と赤紫がかった花とがあるようです。また、山地性のヤマホタルブクロは、花色が濃い傾向にありますが、これにも個体差があり、花色だけでこの2種を見分けるのは難しいです。比較的分かりやすい見分け方は、がく片の切れ込んだ部分が反り返り、付属片があるのがホタルブクロ、盛り上がっているだけならヤマホタルブクロといえるでしょう。

名前の由来
花の咲く時期に蛍がたくさん飛び交い、捕まえて花の袋に入れたことによりこの名がついた。

夏の雑草

釣鐘状の大きな花は美しく、山野草として栽培されることも多い。

若い葉は山菜として食用になる。

花期は6〜7月。

> 夏の雑草

ニワゼキショウ
庭石菖

別名：ナンキンアヤメ
Sisyrinchium atlanticum
アヤメ科　1年草
分布：日本全土

芝生から生える姿は凛として存在感がある。花は一日でしぼむ一日花。

名前の由来
庭の芝によく生え、花のたたずまいが菖蒲に似ていることからこの名になった。

　芝生や、やや湿った草原に咲くニワゼキショウの花には、赤紫色のものと白色のものがあり、これが交じり合って咲いている様子はとりわけ美しいものです。
　草丈が大きいわりに小ぶりな淡い青紫色の花をつけるオオニワゼキショウや、きれいな水色の花のソライロニワゼキショウなど、最近は外来の似た仲間が増えてきました。また、園芸種としても北米産のものがニワゼキショウとして売られていたり、日本名が混乱しています。

夏の雑草

花色は赤紫と白の2色。

葉はアヤメに似ている。 花期は5〜6月。  蕾は球形で艶がある。

日当たりのよい芝生に群生することが多い。

> 夏の雑草

カヤツリグサ
蚊帳吊草

別名：マスクサ
Cyperus microiria
カヤツリグサ科　1年草
分布：本州・四国・九州

　蚊帳を見ることもなくなってしまった今の子どもたちには、カヤツリグサといってもピンとこないことでしょう。休耕田や湿った草原に群生するこの草は、茎を根元近くで切って逆さに持つと、まるで線香花火のようで、子どもの頃よく遊んだものです。その茎を切った時、切り口が三角なのもとても不思議でした。

花茎を逆さに吊るすと線香花火のように見え、とても風情がある。

名前の由来
茎の両端を引き裂いてできた四角形を蚊帳を吊ったように見立てて名づけられた。

茎は高さ30〜50cm。

花期は7〜9月。

茎の断面は三角形。

キキョウソウ
桔梗草

別名：ダンダンギキョウ
Specularia perfoliata
キキョウ科　1年草
分布：本州（関東以西）・四国・九州

　この草も最近街中でよく見かけるようになってきた帰化植物です。街路樹の根元や中央分離帯、駐車場や空き地の片隅に咲く紫色の小さな花はなかなか可憐で美しいものです。しかし、毎年同じ場所に咲くとは限らず、思いがけないところで出会えるのも魅力の一つですが、帰化植物として今後も増えていくかどうかは、まだ未知数といえるでしょう。

名前の由来
花の色と形がキキョウに似ていることから桔梗に似た草、キキョウソウとなった。

夏の雑草

アメリカ原産の帰化植物で、花はキキョウに似て美しく愛らしい。

花は下から順に咲いていく。

花期は5〜7月。

夏の雑草

夏の七草

私の選んだ好きな夏草7種。
「ちがや　ひるがお
やぶかんぞう　つゆくさ
どくだみ　みつば　のあざみ
夏を彩る旬の七草」

（亀田龍吉）

白茅（ちがや）
初夏の草原を白い大海原に変え、風に揺れるチガヤの穂は、初夏の風物詩の一つです。根茎には利尿作用があります。

昼顔（ひるがお）
秋の七草の朝顔はヒルガオとする説もありますが、ここでは夏の七草に入れてみました。アサガオに劣らず美しい花です。

藪萱草（やぶかんぞう）
畦や土手に、夏の訪れを告げる花の代表がヤブカンゾウやノカンゾウです。春先の新芽は山菜として利用されます。

夏の雑草

露草(つゆくさ)
その洒落た形の青い花は、友禅染の下絵を描く染料として利用されます。これだけ真っ青な花は他にあまりありません。

毒溜(どくだみ)
その臭いとはびこることを大目にみれば、ドクダミほど清楚な花で、薬やお茶としても役立つ植物は少ないでしょう。

三葉(みつば)
お吸い物やおひたしでさわやかな香りを楽しめるミツバは、セリとともに日本を代表するセリ科のハーブです。

野薊(のあざみ)
畦や土手で赤紫色の花を咲かせます。アザミの仲間は真夏から秋に咲くものが多く、初夏から咲くのはノアザミだけです。

夏の雑草

ヘクソカズラ
屁糞葛

別名：ヤイトバナ、サオトメバナ
Paederia scandens
アカネ科　多年草
分布：日本全土

葉や茎に悪臭はあるが、中心が濃いピンクの白花は小さくとても愛らしい。

　葉っぱも実も手で揉むと確かにくさいのですが、白地に中心が紅い可愛らしい花を見るたびに、この名前はかわいそうだなと思います。そう思う人は他にもいるのか、ヤイトバナ、サオトメバナという別名もあります。ハーブのコリアンダー（シャンツァイ）は、実が緑色のうちはくさいのですが、茶色く熟すと芳香に変わります。しかし、ヘクソカズラは熟してもくさい臭いは残ります。

名前の由来
葉やつるをこすったり、実をつぶすと悪臭が漂うことからこの名前となった。
また、カズラとはつる性の植物のこと。

つるを伸ばしフェンスなどに絡みつく。　花期は7〜9月。

実にも悪臭がある。

オオバコ
大葉子

別名：スモウトリグサ、シャゼンソウ
Plantago asiatica
オオバコ科　多年草
分布：日本全土

オオバコは車前草（しゃぜんそう）ともいって、昔から馬車道などに生える草として知られていますが、今でも、人や車によく踏まれる駐車場とか農道などに多く見られます。踏まれても平気な訳は、葉や茎が非常に強い繊維でできているのが一つの理由といえます。この草の葉の両端を持って引っぱると、丈夫な葉脈の繊維が糸のように現れます。

夏の雑草

花茎を引っ掛け合い、どちらが切れないかを競うオオバコ相撲で馴染み深い。

名前の由来　文字どおり葉が大きいこと、また、大きいわりに葉の形が愛らしく見えることによる。

花期は4〜8月。

夏の雑草

ヤブガラシ
藪枯らし

別名：ビンボウカズラ
Cayratia japonica
ブドウ科　つる性多年草
分布：日本全土

蜜の出る小さな花をたくさんつけるため、蝶や蜂がよく訪れる。

名前の由来
低木をあっという間に覆い尽くすほど生命力が強く、藪まで枯らしてしまうことにたとえこの名がついた。

夏の雑草

つる性の植物はたいてい生長が早く、生命力にあふれているのですが、このヤブガラシも例外ではありません。土の中を縦横に伸びた地下茎から赤紫色の芽を立ち上げたかと思うと、あっという間に周囲のものに絡みつき、覆い尽くしてしまいます。地上部を取り去っても地下部が残っていれば何度でも芽を出してきます。花を観察するとブドウの仲間であることは納得できますが、ブドウのような液果はなりません。

人には雑草でも、蜂や蝶にとっては大事な蜜源植物ですし、葉はスズメガの仲間の食草となります。

巻きひげがあり、これを巻きつけて伸びる。

生長がとても早く、木を覆い尽くし枯らすこともある。

めしべの基部から蜜を分泌する。

花期は6〜9月。花の直径は5mm。

夏の雑草

ネジバナ
捩花

別名：モジズリ
Spiranthes sinensis var. *amoena*
ラン科　多年草
分布：日本全土

花の一つひとつは小さいが、虫眼鏡で花を拡大するとラン科の植物らしくとても艶やか。

　初夏の芝生や草原でつんと立った緑の花茎を、ピンク色の可愛い花がきれいならせんを描きながら咲き昇っていく様はとても清々しいものです。しかし、このネジバナがランの仲間だとはあまり知られていないようです。一度ルーペでのぞいてみてください。そこには小さくとも凜としたラン科特有の花を見いだすことができるでしょう。

名前の由来
小さな花がらせん状に咲き、ねじれているように見えることからこの名となった。

花茎は高さ20〜40cm。

花期は4〜8月。

ドクダミ
毒溜

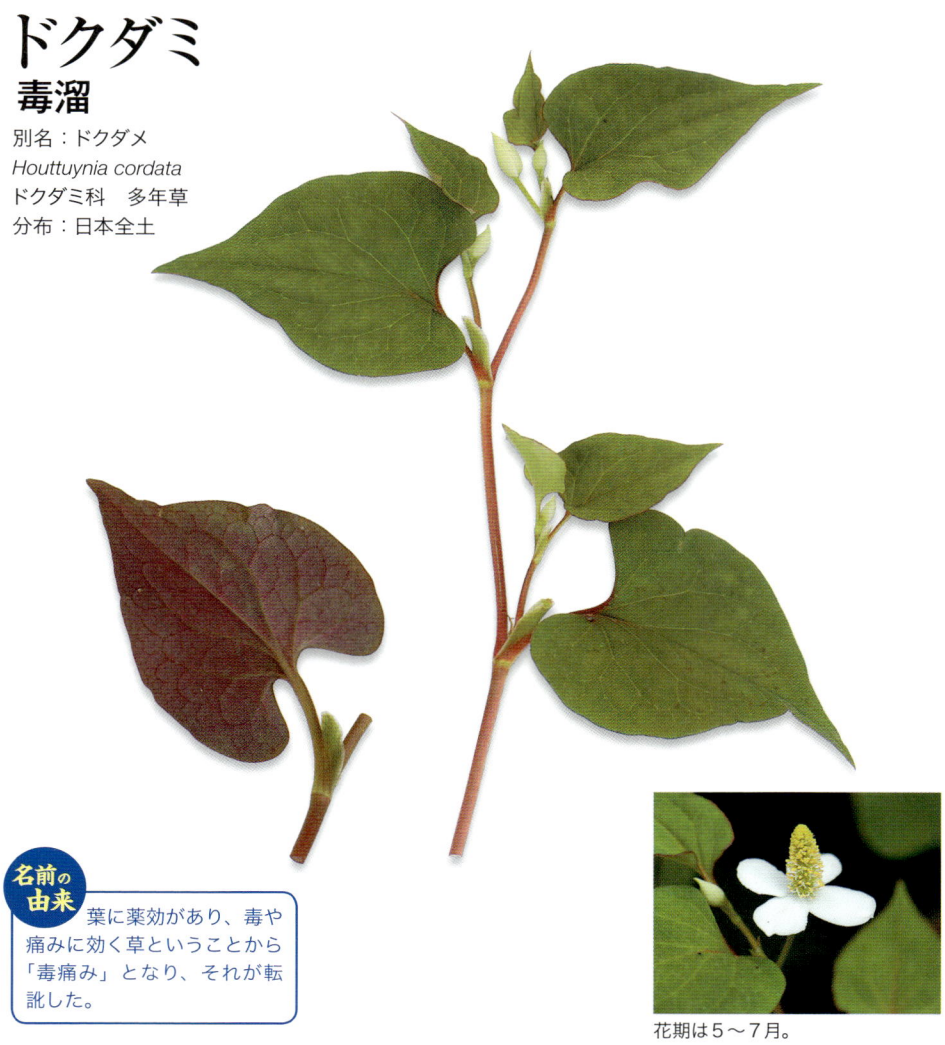

別名：ドクダメ
Houttuynia cordata
ドクダミ科　多年草
分布：日本全土

夏の雑草

白い花びらに見えるのは総苞で、花はその上にある黄色い棒状の花序に咲く。

名前の由来
葉に薬効があり、毒や痛みに効く草ということから「毒痛み」となり、それが転訛した。

葉を揉むと独特の臭いがすることや、地下茎を伸ばしてはびこることから嫌われることの多いドクダミですが、その薬効は有名です。全草を干したものを煎じたお茶は生活習慣病に、蒸し焼きにした葉はできものの治療に効果があるといわれます。実際、私もアルミホイルに包んで蒸し焼きにした葉を貼って、ニキビの親玉のような腫れものを治したことがあります。また、干すと臭いは消えるのでお茶もくさくはありません。

花期は5〜7月。

花のように見える白い部分は、実は花ではなく総苞。

夏の雑草

ゲンノショウコ
現の証拠

別名：イシャイラズ
Geranium nepalense subsp. *thunbergii*
フウロソウ科　多年草
分布：日本全土

白色と赤紫色の美しい花を咲かせ、花後に槍のような実をつける。

　ゲンノショウコは生薬として胃腸によく効き、その現の証拠が名前の由来とされます。赤紫色の花をつけるものと白い花をつけるものがあって、赤紫色の花は西日本に、白い花は東日本に多いようです。全草を干したものを煎じて飲むだけでよいので、簡単に民間薬として利用できますが、よく似た葉に有毒なキンポウゲの仲間やトリカブトがあるので、花が咲いている時期に花で確認してから採取するのがよいでしょう。

名前の由来　全草に下痢止めの薬用効果があり、現に効く証拠があることにちなみ、この名がついた。

夏の雑草

花期は7〜10月。

実は熟すと5裂し、反り返る。

花は美しい5弁花で、花色は白と赤紫の2色ある。

81

夏の雑草

オヒシバ
雄日芝

別名：チカラグサ
Eleusine indica
イネ科　1年草
分布：本州・四国・九州

メヒシバと比べて茎が強く丈夫で、大人の力でも引きちぎることは難しい。

　オヒシバは乾燥にも踏みつけにも強いイネ科の草です。太くて丈夫な穂は、メヒシバとの一番の判別点ですが、穂がない時期でも、丈夫で平たい茎と白っぽいその色で、見慣れると簡単に区別できます。
　別名のチカラグサも、丈夫なこの草を抜いたり引きちぎるのに力が要るところからきているのかもしれません。

> **名前の由来**
> 日当たりのよい場所を好む、芝のような草が名の由来。メヒシバに対し強健で男性的なところから雄日芝（オヒシバ）となった。

花茎は高さ30〜60cm。花穂は3〜6本。

花期は8〜10月。

メヒシバ
雌日芝

別名：メイシバ
Digitaria ciliaris
イネ科　1年草
分布：日本全土

オヒシバと同じようにどこにでも生えますが、オヒシバよりやや湿り気がある土を好むように思えます。葉が薄めで華奢なせいかもしれません。広い場所では花穂が立ち上がるまでは横に這い広がる傾向が強く、茎が丸く細いことと、紫がかることが多いなどの点で、花穂がなくてもオヒシバと区別できます。また、小さくても花穂の数が少ない半日陰を好むヒメメヒシバという種もあります。

名前の由来
名前の由来はオヒシバ同様。オヒシバに対し、繊細で女性的なところから雌日芝（メヒシバ）となった。

夏の雑草

花はオヒシバよりも繊細で、草花あそびの花かんざしとして有名。

花穂は4〜8本。

花期は7〜10月。

花茎は高さ30〜70cm。

夏の雑草

エノコログサ
狗尾草

別名：ネコジャラシ
Setaria viridis
イネ科　1年草
分布：日本全土

ネコジャラシの別名があるように、大きな穂に猫がよくじゃれつく。

　エノコログサはネコジャラシの名で親しまれていますが、語源は犬ころ草だといわれています。犬や猫の名が示すように、犬猫と同じように昔から身近な植物であったことが窺われます。初夏のうちから上向きの穂を出して、明るい緑色をしたエノコログサと、やや遅く夏頃から先の垂れた大型の穂を出す、濃い緑色のアキノエノコログサなどがあります。

名前の由来　エノコロとは犬のことを指し、花穂を犬の尻尾に見立て、この名前がつけられた。

夏の雑草

草花あそびの素材に最適。

長い花穂にはたくさんの毛がある。

アキノエノコログサ　花期は8〜10月。ブラシ状の花穂が垂れ下がる。

キンエノコロ

　日当たりのよい道端や空き地に群生します。茎の高さは50〜60cmほどでエノコログサの仲間では最も小さい種類です。花穂は直立します。穂が金色であることがキンエノコロの名前の由来です。

　キンエノコロの仲間には、コツブキンエノコロ（小粒金狗尾）があり、こちらは名前のとおり花穂が短いのですぐに区別できます。

晩秋の花穂は美しい。　　　花期は8〜10月。

夏の雑草

ヤエムグラ
八重葎

別名：クンショウソウ
Galium spurium var. *echinospermon*
アカネ科　越年生1年草
分布：日本全土

葉や茎に鉤状の毛が生えていて服によくつき、クンショウソウの別名もある。

　子どもの頃、よく衣服にくっつく植物を相手の服に投げつけて遊んだものですが、その多くはオナモミやイノコズチ、チカラシバなどの実や種でした。しかし、このヤエムグラは実でなくても茎をちぎって服に押しつけると、結構派手にくっつくのでよく使ったものです。茎や葉に細かい棘（とげ）がびっしり生えているからで、昔の子どもはこうした遊びをとおして雑草の質感まで熟知していたものです。

名前の由来
葉が八重のように輪生し、葎（群生するの意）となることからこの名前となった。

秋から芽生え、春に大きく生長する。

花期は4〜9月。

コニシキソウ
小錦草

Euphorbia supina
トウダイグサ科　1年草
分布：日本全土

夏の雑草

地面を這うように四方へと広がる夏の代表的植物。

名前の由来
小さいニシキソウがその名の由来。茎や葉の色の美しさを錦と見立て、小さい錦草、コニシキソウとなった。

花期は6〜9月。

歩道のアスファルトやコンクリートの隙間から、畑はもとより空き地や駐車場の乾いて固くなった地面まで、過酷な環境をものともせずに生きぬくこの草の強さの秘密は、地面に張りつくように広がるその草姿にあるような気がします。草刈り機では容易に刈り取れないし、もともと平たいので多少踏まれても平気です。きっと夏の高い地表温度にも耐える術ももっているのでしょう。

茎は赤紫色で、20〜30cmほどに広がる。

夏の雑草

ママコノシリヌグイ
継子の尻拭い

別名：トゲソバ
Persicaria senticosa
タデ科　1年草
分布：日本全土

花はソバの花に似て可憐だが、茎と葉柄には無数の棘がある。

　昔はお尻を拭くのに荒縄や葉っぱを使ったといいます。しかし、この草で拭かれたらさぞかし痛いことでしょう。茎や葉に先が下向きに曲がった棘（とげ）がたくさん生えているからです。茎が細く華奢な代わりに、棘で周囲の植物を引っ掛けながら寄りかかり、自分のからだの支えとしているのです。このように植物の棘は、自分の身を守ったり、支えたりする時に役立っているものが多いようです。

名前の由来　茎に鋭い棘がたくさんあり、これで継子のお尻を拭いたという継母のいじめに見立てて名づけられた。

花はソバの花に似ている。

花期は6〜9月。

茎には下向きの鋭い棘がある。

88

秋の雑草

Autumn

秋の雑草

カラスウリ
烏瓜

別名：タマズサ
Trichosanthes cucumeroides
ウリ科　つる性多年草
分布：本州・四国・九州

花は白いレース状で不思議な存在感がある。雄花と雌花がある。

　秋に赤い実をつけたカラスウリはよく目立ちますが、夏の夜に咲く白いその花を見たことがあるでしょうか。夜、暗くなってから開花して、朝、明るくなる頃にはしぼんでしまうので、なかなか見る機会はありませんが、レースのような白い糸状の花弁を広げた様は、とても神秘的なものです。そして、夜のうちにこの花を訪れるスズメガの仲間によって受粉し、実ができます。

> **名前の由来**
> 実の形が瓜に似ていること、また、食用にならず種の色がカラスのように黒いことによる。

秋の雑草

実は卵形で熟すと縞模様が消え、オレンジ色から朱色に変わる。

花期は7〜9月。（雄花）

花は日没後に開く。（雌花）

雌雄異株で雌株は雌花だけをつけ、雄株は雄花だけをつける。

秋の雑草

イノコズチ
猪子鎚

別名：ヒッツキムシ
Achyranthes bidentata var. *japonica*
ヒユ科　多年草
分布：本州・四国・九州

実には棘があり、動物の体や人間の衣服について分布を広げる。

名前の由来　茎の節にある太いふくらみの形が、鎚や猪の子どもの膝に似ていることからついた名前。

秋の雑草

　イノコズチの仲間には2種類あります。日陰や半日陰に多いややほっそりしたヒカゲイノコズチと、日なたに多いややがっちりしたヒナタイノコズチです。花柄に毛が多いのがヒナタイノコズチというように、いくつか細かい識別点はありますが、とてもよく似ています。どちらの実も衣服について運ばれるため、「ひっつきむし」などと呼ばれ、子どもの頃は互いの服につけ合って遊んだものです。ここの写真は、左ページがヒナタイノコズチであるほかはヒカゲイノコズチです。

実は人の衣服や動物の毛について運ばれる。

実の基部に2本の棘がある。

名前の由来となった太い茎の節。

花期は8～10月。草丈は50～100cm。

秋の雑草

カゼクサ
風草

別名：フウチソウ
Eragrostis ferruginea
イネ科　多年草
分布：本州・四国・九州

大きく株立ちした姿は、風を感じるほどに美しく、また、優雅。

　道路端や空き地に多い草ですが、その細く細かな穂や葉は、その名のとおりまさに風に揺れるのがよく似合う草です。同じようなところに生える草にネズミムギやシナダレスズメガヤなどがありますが、どれもコンクリートやアスファルトのわずかな隙間にも根を張って、日差しや乾燥にも耐え、容易に引き抜くこともできないほどのたくましさを身につけた草たちです。

花期は8～10月。草丈は30～80cm。

名前の由来
大きな花穂が風に揺れる美しさから、風を感じる草、風草（カゼクサ）となった。

クズ
葛

別名：マクズ
Pueraria lobata
マメ科　つる性落葉低木
分布：日本全土

秋の雑草

根は漢方薬の葛根湯として、また、根のデンプンは葛粉として利用される。

名前の由来　かつて葛粉の産地であった大和国（奈良県）国栖（くず）、その地名が由来となった。

　この草ほど邪魔にもなるし役にも立っている植物はないかもしれません。放っておくと電柱のてっぺんまで這い上がっていく勢いは半端ではありません。しかしこのクズの根が、風邪をひいた時にお世話になっている葛根湯の原料であったり、根のデンプンが葛粉として葛餅のもとであったりすることを知っている人は案外少ないのではないでしょうか。

茎にはたくさんの細かい毛がある。

花期は8〜10月。

秋の雑草

アメリカ原産の帰化植物。観賞用に移入されたが戦後急速に分布を全国に広げた。

セイタカアワダチソウ
背高泡立ち草

別名：セイタカアキノキリンソウ
Solidago altissima
キク科　多年草
分布：日本全土

　もともとは北アメリカ原産のセイタカアワダチソウは、戦後一気に日本で増えた植物の一つです。根から植物の生長を抑制する物質を出し、他の植物を駆逐しながら分布を広げてきたのですが、この物質は当の本人であるセイタカアワダチソウ自身の生長も抑えたようで、ここのところ一時よりもその大群落を見かける機会が減ったように思われます。

　自然には、一つの種だけが繁栄しすぎることのないような仕組みもしっかり備わっている一例といえるでしょう。

名前の由来　草丈が高いことからセイタカ、綿毛を泡に見立てて背高泡立ち草となった。

秋の雑草

葉の表面には凹凸がある。

花期は10〜11月。

地面に葉を広げ、ロゼットで冬越しする。

草丈は1.5〜2.5m。時に3mを超えるものもある。

イタドリ
痛取り

別名：スカンポ
Fallopia japonica
タデ科　多年草
分布：日本全土

秋の雑草

若葉や茎に酸味があり、山菜として食用になる。

　イタドリの若い芽を折ってかじると酸っぱくてえぐい感じがします。これはスイバと同様にシュウ酸を含んでいるためで、そこからどちらもスカンポの別名をもっています。タデ科の植物はこの酸味をもっているものが多く、ハーブとして栽培されるルバーブ（ショクヨウダイオウ）もその葉柄の酸味を利用してジャムなどに加工されます。また、イタドリは茎が中空なため、茎を切り取って両端に切り込みを入れ、棒を通して水に浸してから流れに置くと、水車の草花あそびができます。

名前の由来
薬用植物として痛みを和らげる効果があることから痛み取りと呼ばれ、それが転訛した。

秋の雑草

葉の表

葉の裏

種子は風に飛ばされて運ばれる。

花期は7〜10月。

実は2.5mmほどで光沢がある。

茎は中空で、竹のような節がある。

99

秋の雑草

アメリカセンダングサ
亜米利加栴檀草

別名：セイタカウコギ
Bidens frondosa
キク科　1年草
分布：本州・四国・九州

2本の棘にさらに棘がある。

実の先端に2本の棘があり、棘全体にも逆刺があるため衣服につくとなかなか取れない。

名前の由来
北アメリカ原産の帰化植物。在来種のセンダングサに似ているのでこの名前がついた。また、センダングサの名前の由来は樹木の栴檀と葉の形が似ていることによる。

　秋の野原を歩くと、いつのまにか衣服にたくさんくっついてくる草の実。誰でも一度は経験したことがあるでしょう。アメリカセンダングサの実もその一つです。2つに分かれた実の先端の鉤でしっかりと衣服にくっつきます。よく似た仲間にコセンダングサやタウコギなどがあります。
　アメリカセンダングサは、他の仲間に比べて葉の先や鋸歯が鋭く尖り、色が濃くて茎は紫色がかるのが特徴です。

花期は9〜10月。

実には棘がある。

草丈は1〜1.5mになる。

ヨウシュヤマゴボウ
洋種山牛蒡

別名：アメリカヤマゴボウ
Phytolacca americana
ヤマゴボウ科　多年草
分布：日本全土

秋の雑草

ブドウに似た房状の実は熟すと赤紫色となり、一見食用となりそうだが有毒。

名前の由来
西洋からの帰化植物であること、また、根がヤマゴボウに似ていることから洋種山牛蒡（ヨウシュヤマゴボウ）となった。

　ヨウシュ（洋種）というからには和種もあってヤマゴボウと呼ばれますが、最近はヨウシュヤマゴボウの方が断然優勢なようです。ヨウシュヤマゴボウの花穂は次第に垂れ下がりますが、ヤマゴボウのそれは直立です。また、ヤマゴボウ科の根は有毒なので注意が必要です。味噌漬けのヤマゴボウとして売られているものはモリアザミ（キク科のアザミ類の根）で、別種です。ヨウシュヤマゴボウの葉は秋に美しく紅葉します。

花期は6〜8月。

草丈は高く、1.5〜2.5m。

101

ヨメナ
嫁菜

別名：ノギク
Aster yomena
キク科　多年草
分布：本州・四国・九州

秋の雑草

一般にノギクと呼ばれる植物の代表種。道端に普通に見られ、仲間も多い。

名前の由来 春の若葉が食用となるため嫁が好んで摘んだ菜、嫁菜となった。

秋の雑草

　秋の野山に咲くキクの仲間を総称してノギクと呼びますが、ヨメナもそのうちの一種です。静岡県あたりを境に、西にヨメナ、東にカントウヨメナが自生しますが、見分けは慣れないとなかなか難しいものです。

　ここに取り上げた写真はカントウヨメナと呼ばれるものです。同じカントウヨメナでも生えている場所によって、花色の濃淡や葉の切れ込みの深さなどが微妙に異なり、個体差があります。

花期は8〜11月。

花は白または薄青色で、直径2cmほど。

秋の雑草

ヌスビトハギ
盗人萩

別名：ドロボウハギ

Desmodium podocarpum subsp. *oxyphyllum*

ケシ科　1年草
分布：本州・四国・九州

淡紅色の花は小さく目立たないが、半月形の実は衣服にはりつき、よく目立つ。

　子どもの頃、秋に山へきのこやクリを採りに行って帰ってくると、どこでついたものか、服のあちこちにべったりとヌスビトハギの実がついていたのを思い出します。一度つくと薄いため、はがすのに結構手間取ったものです。小さく地味な色の実なので、夢中で遊んでいる子どもにとっては、いつ、どこでついたのか気づかないことがほとんどでした。今思うと、服についたヌスビトハギの実は、子どもの頃の野あそびの勲章だった気がします。

名前の由来
ねばねばの実が衣服につかないよう盗人のように忍び足で歩いたこと。また、花がハギに似ていることから盗人萩（ヌスビトハギ）となった。

秋の雑草

花期は7〜9月。

花は3〜4mmと小さい。

実は普通2節からなる。

木陰にも日なたにも見られるが、やや湿った環境を好む。

105

秋の雑草

秋の七草

日本を代表する美しい秋の花7種。
「萩の花　尾花　葛花
なでしこの花　おみなえし
また藤袴　朝顔の花」
（万葉集・山上憶良）

萩（はぎ）
秋の七草にいう萩とは、ヤマハギかマルバハギのことでしょう。どちらも1.5〜2m近くなり、草といっても木本（もくほん）です。

尾花（おばな）（ススキ）
ススキは、尾花とか茅（かや）とか呼ばれます。昔は茅葺き屋根の材料としたため、村の周辺には茅場というススキ野原がありました。

葛（くず）
クズはよく繁茂するため粗野に見られがちですが、よく見ると花の美しさといい、香りといい、趣深い日本的な植物です。

秋の雑草

撫子（なでしこ）
日本女性を大和撫子と呼ぶように、楚々としていながらも芯の強さをもった花がナデシコです。標準和名はカワラナデシコです。

女郎花（おみなえし）
オミナエシの背が高くて黄色く細かい花は、夏の盛りから秋も深まる頃まで長い間咲き続けます。花の蜜はチョウやハチの好物です。

藤袴（ふじばかま）
フジバカマは、古く中国からもたらされた帰化植物といわれます。川岸や湿った場所を好みますが、近年その数は減ってきています。

朝顔（あさがお）（キキョウ）
山上憶良が詠んだ秋の七草の朝顔は、キキョウ、ムクゲ、アサガオと諸説ありますが、キキョウとする説が有力のようです。

秋の雑草

ヒガンバナ
彼岸花

別名：マンジュシャゲ
Lycoris radiata
ヒガンバナ科　多年草・球根
分布：本州・四国・九州

花後に葉が伸びてくる珍しい植物で、花と葉を同時に見ることができない。全草有毒。

　毎年ちょうど秋の彼岸の頃、田の畦や土手を真っ赤に染めて咲くヒガンバナは、夏と秋の端境期にひときわ鮮やかに見えます。花の時期に葉はなく、他の草の多くが枯れ始める秋も深まってきた頃に、長さ40〜50cm、幅1〜1.5cmの細長い葉を地上に広げるように密生させます。この時期なら競争相手も少なく、秋冬の陽光を独占できるわけです。実をつけることのまずないこの草は、この冬の間に球根を肥やして分球して増えます。

> **名前の由来**
> 文字どおり、秋の彼岸頃に花を咲かせることから彼岸花となった。

秋の雑草

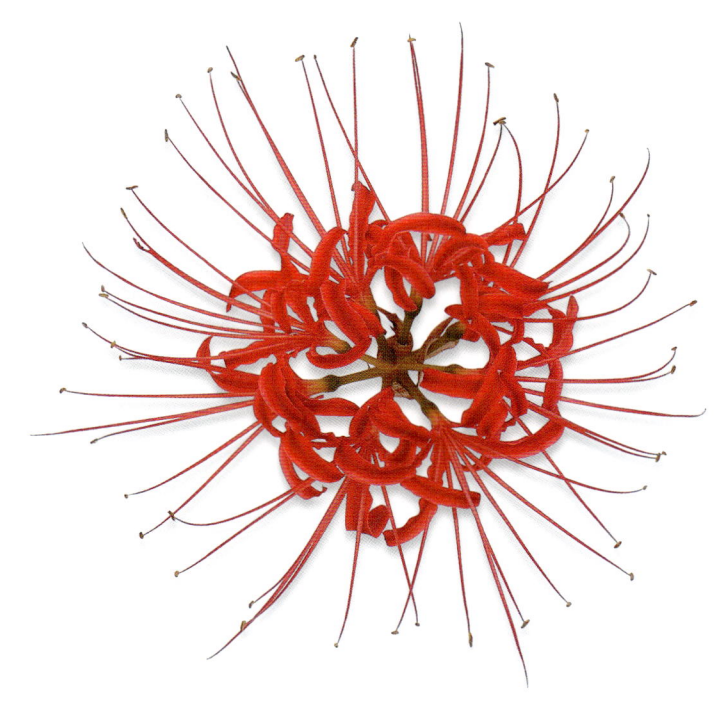

白い花が咲く変種もある。　　　　　　花期は9〜10月。花茎は30cmにもなる。

秋の雑草

イヌタデ
犬蓼

別名：アカマンマ
Persicaria longiseta
タデ科　1年草
分布：日本全土

別名のアカマンマは、薄紅色の花穂を赤飯に見立てたもの。

名前の由来
葉にヤナギタデのような辛み成分がなく、香辛料として使えないので「犬」をつけた。「犬」には食用にならず役に立たないという意味がある。

　昔の子どもたちは、イヌタデの実を「アカマンマ」と呼び、特に女の子たちはこれを木の葉の皿に盛って赤飯に見立ててままごとに使っていました。夏のなごりの暑さもようやくおさまり、朝夕の冷え込みに深まりゆく秋を感じる頃、畦道や草原に群れ咲くイヌタデを見ると、そんな昔の情景が思い出されます。こんなあそびを知らない今の子どもたちは、大人になってこの草を見た時に何を思うのでしょうか。

秋の雑草

花期は6〜10月と長い。　　茎は枝分かれして、たくさんの花穂をつける。

111

秋の雑草

ワレモコウ
我亦紅

Sanguisorba officinalis

バラ科
多年草
分布：日本全土

　野原の草地に、つんと伸びた枝先にえんじ色の花をつけたワレモコウが咲き、その先に止まった赤トンボが風に揺られている様は、まさに秋の風物詩の一つといえるでしょう。その草姿からは、この草がバラ科とは思えないかもしれませんが、葉の形が、同じバラ科であるイチゴの葉によく似ていることを思えば納得がいくのではないでしょうか。

えんじ色の花穂は実のように見えるが、小さな花の集まり。花弁は退化してない。

名前の由来
紅い花の仲間に漏れたワレモコウが自ら「我も亦紅（ワレ マタコウ）なり」と主張したという伝説を由来とする。

花期は8～10月。

チカラシバ
力芝

別名：ミチシバ
Pennisetum alopecuroides
イネ科　多年草
分布：日本全土

ちょうどクリの実のなる頃の畦道や道端に生えるこの草の穂を、親指と人差し指でしごき取り、クリのイガだといって遊んだり、それを相手の服に投げつけ遊んだのは、遠い昔の思い出です。そうして遊び疲れて家路につく頃、沈みかけた夕陽に照らされて赤く輝くチカラシバの穂は、今でも私の目の奥に焼きついています。

名前の由来
力強く根を張り、引き抜くことが難しい芝草ということから力芝となった。

秋の雑草
秋になると太く長いブラシのような穂が目につく、日本原産の植物。

ブラシ状の大きな穂をつける。

花期は8〜11月。

大きな株となり、花茎は真っ直ぐに立つ。

秋の雑草

キクイモ
菊芋

別名：アメリカイモ
Helianthus tuberosus
キク科　多年草
分布：日本全土

北アメリカ原産で江戸末期に飼料用として渡来した。食用ともなる。

　キクイモは草丈2m以上にもなるキク科の植物です。北アメリカ原産で、日本には江戸末期に入ってきたのが最初といわれています。
　秋晴れの空の下に7〜8cmの黄色い花をたくさん咲かせる大株の姿はなかなか壮観なものです。地下の塊茎にはイヌリンという多糖類が含まれ、健康食やお茶などに利用されます。塊茎が赤っぽく紡錘形のものをイヌキクイモと呼ぶことがありますが、見分けは非常に難しいです。

名前の由来
菊に似た花を咲かせ、芋状の塊茎ができることから菊芋（キクイモ）となった。

秋の雑草

花期は9〜10月。

塊茎はショウガに似る。

茎には粘度のある棘がある。

地下にできる塊茎は食用になる。

草丈は高く、2.5〜3mにもなる。

秋の雑草

ジュズダマ
数珠玉

別名：トウムギ
Coix lacryma-jobi
イネ科　多年草
分布：本州・四国・九州

実の中心に花軸の通る穴があき、糸を通し、草花あそびに利用されてきた。

名前の由来　実に糸を通し数珠をつくったことによる。数珠は宗教儀礼に使用する珠をつないで輪にしたもの。

　小川の縁や田んぼのわきの溝などの湿ったところに生えるジュズダマは、ヒガンバナの咲く頃になると、こげ茶や灰色や白い実をたくさんつけます。子どもの頃、この実に糸を通して数珠をつくったりしましたが、その一つひとつの微妙な色の違いや、表面の見事な光沢には子どもながらに見とれたものでした。
　女の子たちはこれを小さな布袋に詰め、お手玉にして遊んでいました。その音と手触りはジュズダマならではのものでした。お茶にするハトムギはごく近い仲間です。

花期は8〜10月。

秋の雑草

雌花（左）と雄花（右）。

熟した実は黒褐色が多い。

草丈は大きいもので2mにもなる。

ヨモギ
蓬

別名：モチグサ
Artemisia princeps
キク科　多年草
分布：本州・四国・九州

秋の雑草

早春に摘んだ若葉は草餅に利用される。また、生長した葉はもぐさの原料になる。

名前の由来
「よく萌える草」からヨモギとなった。ヨモギのギは茎のある立ち草を意味する。

ヨモギの花が咲くのは秋ですが、まだ寒い早春のうちから他の植物たちに先駆けて、銀白色の産毛をまとったロゼット状の芽をすでに用意しています。春に生長し始めたこの若芽を混ぜてついた餅が草餅です。また、葉に生えている毛を集めたもぐさがお灸に使われるのも有名です。

この他、多くの薬効をもつヨモギは、古くから人々に利用され、役に立ってきた植物なのです。

ロゼットで冬越しする。

茎が伸びる前の若芽。

ヨモギの花。
花期は8〜10月。

ミゾソバ
溝蕎麦

別名：ウシノヒタイ
Polygonum thunbergii
タデ科　1年草
分布：日本全土

　その名のとおり、溝に生えるソバの仲間（タデ科）の植物です。動物の顔を思わせるおもしろい形に、赤紫がかった模様が入ることが多い葉もきれいですが、かたまって咲く小さな花は、ひと枝でも群生していても美しいものです。この花が咲く頃は、秋の虫たちの盛りの時期でもあります。カンタンやコオロギの鳴き声を聞きながら見るミゾソバの花は、また一段と風情があるものです。

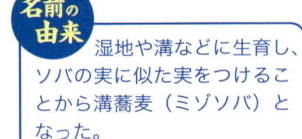

秋の雑草

葉の形をウシの顔に見立て、ウシノヒタイという別名がある。

名前の由来
湿地や溝などに生育し、ソバの実に似た実をつけることから溝蕎麦（ミゾソバ）となった。

花期は9〜10月。花の直径は4〜7mm。

秋の雑草

オオオナモミ
大雄生揉

別名：ヒッツキムシ
Xanthium occidentale
キク科　1年草
分布：日本全土

楕円形の実にはたくさんの棘があり、衣服によくつく。別名ひっつきむしの由来でもある。

　オナモミの仲間の実には、先が鉤状に曲がった棘（とげ）がたくさんついていて、獣の毛や人の衣服によくくっつきます。こうして運ばれて分布を広げるわけです。
　オオオナモミとイガオナモミは帰化植物で、在来種はオナモミだけなのですが、近年あまり見かけなくなりました。イガオナモミは、海岸沿いの地方などに多いようです。

名前の由来　生の葉を揉んで傷口につけると痛みが取れることに由来する。実が一回り小さい在来種のオナモミ（雄生揉）と区別するためオオオナモミ（大雄生揉）となった。

秋の雑草

葉の裏　　　　　　　　　　　葉の表

実の長さは10〜15mm。

実はたくさんの棘をもっている。　　草丈は50〜90cm。繁殖力が強い。

121

秋の雑草

ミズヒキ
水引

別名：ミズヒキソウ
Polygonum filiforme
タデ科　多年草
分布：日本全土

花弁に見えるがくが落ちないため、長く花が咲いているように見える。

ミズヒキは、薄暗い林の縁や川の土手下などに多いうえ、花枝が長いわりに赤い花や実は数mmしかないため、撮影しにくい植物の一つです。しかし、小さいながらもその小さな赤い点々は林床でよく目につき、タデ科に多く見られる葉の模様や虫食いの跡などとあいまって、次第に深まりゆく秋を感じさせてくれる趣深い植物です。

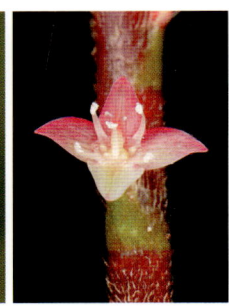

花が終わってもがくは残る。花期は9〜11月。

名前の由来
長い花穂の小花が上から見ると赤く、下から見ると白いため、この紅白を「水引」にたとえてつけられた。

湿った半日陰の環境に生育する。

ツルボ
蔓穂

別名：サンダイガサ
Scilla scilloides
ユリ科　多年草・球根
分布：日本全土

野山の土手から道路の中央分離帯まで、ピンクの花穂を群生させるツルボは、ちょうど同じ頃に、田んぼの畦道や土手の斜面に真っ赤な花を群生させるヒガンバナが、花の時期に葉が全くないのに対して、ツルボは目立たないもののよく見ると、花穂とほぼ同時に細い葉が出ているのが分かります。

草丈や花色はネジバナに似ていますが、花は穂状に密集して咲き、ネジバナのようにらせん状にはなりません。

日当たりのよいところに群生する。

花期は8〜10月。

秋の雑草

球根にはデンプンが多く含まれており、食用とされていた時代もある。

名前の由来
蔓のように花茎を長く伸ばし、その先に穂のような花を咲かせることから蔓穂（ツルボ）となった。

PHOTO INDEX

アメリカセンダングサ 100	イタドリ 98	イヌタデ 110	イノコズチ 92	ウマノアシガタ 20
エノコログサ 84	オオイヌノフグリ 22	オオオナモミ 120	オオバコ 75	オヒシバ 82
カキドオシ 42	カゼクサ 94	カタバミ 26	カヤツリグサ 70	カラスウリ 90
カラスノエンドウ 32	キキョウソウ 71	キクイモ 114	ギシギシ 60	キツネアザミ 16
クサノオウ 15	クズ 95	ゲンノショウコ 80	コニシキソウ 87	コヒルガオ 59
ジシバリ 40	ジュズダマ 116	ショカツサイ 21	シロツメクサ 10	スギナ 48
スズメノエンドウ 35	スズメノテッポウ 38	スベリヒユ 62	セイタカアワダチソウ 96	セイヨウタンポポ 14
セリ 17	タケニグサ 64	タチツボスミレ 47	タネツケバナ 39	タビラコ 50

124

チカラシバ 113	ツユクサ 54	ツルボ 123	ドクダミ 79	ナガミノヒナゲシ 24	
ナズナ 30	ニワゼキショウ 68	ヌスビトハギ 104	ネジバナ 78	ハコベ 29	
ハハコグサ 34	ハルジオン 41	ハルノノゲシ 12	ヒガンバナ 108	ヒメオドリコソウ 43	
ヒメジョオン 56	ヒルガオ 58	ヒルザキツキミソウ 25	ブタクサ 55	ブタナ 20	
ヘクソカズラ 74	ヘビイチゴ 18	ホタルブクロ 67	ホトケノザ 38	ママコノシリヌグイ 88	
ミズヒキ 122	ミゾソバ 119	ムラサキケマン 46	ムラサキサギゴケ 9	メヒシバ 83	
メマツヨイグサ 66	ヤエムグラ 86	ヤブガラシ 76	ヤブカンゾウ 63	ヨウシュヤマゴボウ 101	
ヨメナ 102	ヨモギ 118	レンゲソウ 6	ワルナスビ 32	ワレモコウ 112	

あとがき

　私は「雑草」という言葉は、ほんとうはあまり好きではありません。その言葉には、人間の役に立たない物は十把一絡げにしてしまえというような人間の勝手と傲り、そして自然への無関心も少し見え隠れするからです。

　本来日本人は昔から田畑や道端の目立たない草たちでも、その利用価値、存在価値をしっかり見いだしては名をつけ、食用、薬用その他に利用しただけでなく、季節ごとにその花や葉の美しさを愛してきました。春の七草、秋の七草などもそのよい例といえるでしょう。花鳥風月を愛でる日本人の繊細な感性は、足元の小さな草にまでも及んでいたはずです。

　もちろん、直接人の役に立たない草もたくさんありますし、はびこりすぎる草は抜かねばなりません。しかし、そんな草たちに出会う機会があったなら、引き抜く前に、どんな花が咲いているか、どんな実をつけているかなど、ちょっと気をつけて見てください。きっと意外に可憐な花であったり、奇妙な形の実であったりといった発見があるはずです。その時、その植物の名前が分かれば興味はさらにふくらみます。この本がそんな時のお役に立ったら幸いです。

　企画から編集まですべて準備し実行してくださった世界文化社の飯田　猛さんには、これまでも私が駆け出しの頃からずっとお世話になってきました。この場をお借りして心よりお礼申し上げます。

平成 23 年 12 月

亀田龍吉

雑草の呼び名事典

発行日　2012年 2 月20日　初版第 1 刷発行
　　　　2022年 1 月 5 日　　　第15刷発行

写真／文：亀田龍吉
発行者：大村 牧
発　　行：株式会社世界文化ワンダークリエイト
発行・発売：株式会社世界文化社
〒102-8192 東京都千代田区九段北 4-2-29
電話 03-3262-5115（販売部） 03-3262-5121（編集部）
印刷・製本：図書印刷株式会社

Ⓒ Ryukichi Kameda, 2012. Printed in Japan
ISBN978-4-418-12400-8
無断転載・複写を禁じます。　定価はカバーに表示してあります。
落丁・乱丁のある場合はお取り替えいたします。